Daïer M...

Etude de la fusariose de l'épi sur orge et détection des mycotoxines

Dalel Maaoui

Etude de la fusariose de l'épi sur orge et détection des mycotoxines

Éditions universitaires européennes

Impressum / Mentions légales
Bibliografische Information der Deutschen Nationalbibliothek: Die Deutsche Nationalbibliothek verzeichnet diese Publikation in der Deutschen Nationalbibliografie; detaillierte bibliografische Daten sind im Internet über http://dnb.d-nb.de abrufbar.

Information bibliographique publiée par la Deutsche Nationalbibliothek: La Deutsche Nationalbibliothek inscrit cette publication à la Deutsche Nationalbibliografie; des données bibliographiques détaillées sont disponibles sur internet à l'adresse http://dnb.d-nb.de.

Coverbild / Photo de couverture: www.ingimage.com

Verlag / Editeur:
Éditions universitaires européennes
ist ein Imprint der / est une marque déposée de
OmniScriptum GmbH & Co. KG
Heinrich-Böcking-Str. 6-8, 66121 Saarbrücken, Deutschland / Allemagne
Email: info@editions-ue.com

Herstellung: siehe letzte Seite /
Impression: voir la dernière page
ISBN: 978-3-8417-4629-0

Avant propos

Ce travail a été réalisé durant l'année 2013-2014, il est issu du stage de fin d'étude dans le carde d'obtention de mon diplôme d'ingénieur.

Il s'agit d'une étude préliminaire faite en Tunisie comme une initiation au sujet de l'étude de la Fusariose de l'épi sur l'orge en collaboration entre l'Ecole Supérieure d'Agriculture du Kef (ESAK) et le Laboratoire de Biotechnologie appliquée à l'agriculture de l'Institut National de Recherche Agronomique de Tunisie (INRAT).

Vous trouvez donc dans ce mémoire, le résultat d'un travail qualifié enrichissant en termes de connaissances pratiques et théoriques et sur le plan personnel.

.

Dédicace

Je dédie ce travail à

Mes chers parents pour leur encouragement, leur soutien spirituel et tous les *sacrifices qu'ils ont consentis pour mon éducation.*

Toute ma gratitude, ma plus grande estime, et mon affection la plus sincère à

Mon aimable **Chedly** *et ma perle* **Lamia** *: «je suis ici aujourd'hui grâce à vous. Si ce n'est merci, il n'y pas de mot pour vous exprimer ma gratitude, mon estime et mon affection. Que Dieu vous bénisse ».*

Ma très chère sœur **Sirine** *en lui souhaitant une bonne continuation pour ses études.*

Mon très cher frère **Khater** *pour ses encouragements et son soutien.*

Ma belle sœur **Anthea** *pour sa présence et sa disponibilité auprès de moi.*

Mon adorable **Moemen** *pour sa fidélité, sa présence et son support durant les trois dernières années.*

Ma douce **Sarra** *qui a toujours été à mes cotés.*

Tous mes amis.

Remerciement

Au terme de ce projet de fin d'étude, je tiens tout d'abord à remercier mon encadreur Madame Lobna KAMMOUN GARGOURI pour la proposition du sujet, son orientation et son aide durant la période de mon projet de fin d'étude.

Je suis tout particulièrement reconnaissante envers Monsieur Mohammed Rabeh HAJLAOUI, chef du laboratoire de Biotechnologie Appliquée à l'Agriculture à l'Institut National de la Recherche Agronomique de Tunisie (INRAT), pour ses remarques judicieuses, sa disponibilité et ses encouragements.

Je remercie gracieusement Monsieur Mokhtar Dridi, ingénieur principal à l'INRAT pour son orientation, et ses précieux conseils.

Je tiens, également, à remercier tout le personnel de l'Ecole Supérieure d'Agriculture du Kef et du laboratoire de Biotechnologie Appliquée à l'Agriculture à l'INRAT.

Mes remerciements les plus distinguées s'adressent également aux membres du jury qui ont bien voulu m'honorer de leur présence : Monsieur Rhouma SAYARI et Tawfik GAROUI.

Finalement, j'adresse mes profondes gratitudes à ma famille qui a été toujours à mes côtés.

Dalel MAAOUI

Sommaire

Liste des tableaux

Listes des figures

Liste des photos

Liste des abréviations

cm	centimètre
DON	Déoxynivalenol
ELISA	Enzyme linked immuno sorbent assay
FAO	Food and Agriculture Organization
F.culmorum	Fusarium culmorum
FHB	Fusarium head blight
GC-MS	chromatographie phase gazeuse couplée à un spectromètre de masse
h	heure
ha	hectare
CLHPHPLC	Chromatographie Liquid de Haute Performance
INRAT	Institut National de la Recherche Agronomique en Tunisie
NIV	nivalénol
ONAGRI	Observatoire national de l'agriculture
PDA	Potato Dextrose Agar
ZEA	zearalénone

Résumé

La Fusariose de l'épi des céréales est une maladie fongique redoutable qui sévit à travers le monde. Elle cause des pertes de production en affectant considérablement le rendement et en contaminant les grains par plusieurs types de mycotoxines. Ces dernières sont des substances toxiques à effets néfastes chez l'homme et les animaux.

L'objectif de ce travail consiste à étudier la fusariose de l'épi sur orge, nouvellement observée en Tunisie. Pour se fait on a réalisé l'isolement et l'identification des agents pathogènes à partir de sept échantillons de grains d'orge (Rihane,Faiz, Manel, Kounouz, Djebali, Ardhaoui, et Swihli) naturellement infestés qui proviennent de quatre régions (Béja, Jendouba, Djerba et le Kef) durant deux compagnes agricoles.

Pour confirmer l'attaque de ces échantillons par les espèces du genre *Fusarium* responsables de cette maladie on a recours à l'isolement, l'identification morphologique du pathogène, l'évaluation de sa pathogénie, l'étude du comportement du cultivar Rihane vis-à-vis de la fusariose de l'épi et la quantification des mycotoxines de type DON moyennant un kit ELISA.

La pathogénie et l'évaluation consiste à suivre la progression d'attaque, l'étude de l'effet du champignon sur le poids de mille grains, le nombre et le poids d'épillet par épis dans des conditions contrôlées.

Les résultats de l'identification morphologique et microscopique des colonies développées à partir des grains naturellement infestés à montré la présence de trois espèces appartenant au genre *Fusarium* : *Fusarium pseudogramineaurm, Fusarium avenaceaum,* et *Fusarium culmorum,* avec une prédominance de ce dernier. L'analyse par le test ELISA, a montré que les taux de contamination ont été faibles. Les résultats concernant le comportement du cultivar Rihane vis-à-vis de la fusariose de l'épi ont montré la sensibilité de ce cultivar envers cette maladie. En effet, le PMG diminue lorsqu'il y a attaque par l'espèce *F. culmorum.*

Mots clés : Orge, Fusariose de l'épi, Mycotoxines ,*Fusarium culmorum,*

Abstract

Fusarium head blight (FHB) of cereals is a dreaded fungal disease occurs worldwide. It causes production losses significantly affecting yield and contaminating grains by several types of mycotoxins. These are toxic substances with harmful effects in humans and animals.

This work has to study FHB on barley. The isolation and identification of pathogens has been realized from seven samples (Rihane,Faiz, Manel, Kounouz, Djebali, Ardhaoui and Swihli) coming from four regions (Beja, Jendouba, Djerba and Kef).

To confirm the attack of these samples by *Fusarium* species responsible for this disease, quantification of mycotoxins type DON through an ELISA kit was performed. The pathogenesis and evaluation of the performance of the cultivar Rihane has been also evaluated. This evaluation was conducted by monitoring the progress of the disease, the study of the effect of the fungus on the thousand grain weight, number and weight of spikelets per ear in controlled conditions.

The results of the morphological and microscopic identification of fungal developed from naturally infested grains showed the presence of three species belonging to the genus *Fusarium* colonies namely: *Fusarium pseudograminearum*, *Fusarium avenaceaum* and *Fusarium culmorum*, with a predominance of the latter order.
Analysis by ELISA showed that infection rates were low. The results concerning the behavior of the cultivar Rihane demonstrated the sensitivity of this cultivar to the disease. Indeed, the thousand kernel weight decreases when there is attack by the species *F. culmorum*.

Keywords: Barley, Fusarium Head Blight, Mycotoxins, F.*culmorum*,

ملخص

يعتبر مرض لفح السّنابل من الأمراض الأكثر ضراوة في العالم. ويؤثر هذا المرض على الإنتاج فيسبّب تراجع هام في المردود الزّراعي, كما أنه يضرّ بجودة الحبوب من خلال عديد الإفرازات السّامة التّي تعرف بما يسمّى ,

ميكوتوكسين , ولها تأثيرات سلبيّة على صحّة الإنسان و الحيوان.

يهدف هذا العمل إلى دراسة هذا المرض الجديد في تونس حيث تقوم هذه الدّراسة في مرحلة على عزل و التّعرّف على الفطر المسبّب له من خلال 7 عينات شعير من صنف: ريحان, منال, كنوز, سويحلي, فايز, جبالي و عرضاوي تمّت زراعتها قي مناطق مختلفة (,باجة, جندوبة, جربة و كاف) خلال السّنتين الأخيرتين لتأكد من حمل هذه العينات لفطر . *Fusarium cumorum*

تمّ أيضا تقييم إمكانية تلوّث هذه الحبّات بمادّة ,تريكوتيسان ,من نوع DON بتحليل إختبار ELISA.

في مرحلة ثانية تمّ تقييم مدى حساسيّة صنف الشّعير ريحان عن طريق متابعة تطوّر الإصابة به, مدى تأثير الفطر على وزن 1000 حبّة و عدد و وزن حبّات الشّعير في السّنبلة في ظروف خاضعة لرّقابة.

أدّت نتائج التّعرّف المرفولوجي و المكروسكوبي للغزلات إلى التّعرّف على الأصناف التّالية: *Fusarium pseudogramineaum, Fusarium avenaceaum, Fusarium culmorum* مع هيمنة العزلة من صنف *Fusarium culmorum* بنسبة 80%.و أثبتت التّحاليل باختبار ELISA أنّ كميّات المواد السّامة في الحبوب ضئيلة.

أمّا نتائج دراسة حساسيّة الصنف ريحان فقد أثبتت حساسيّة هذا الصنف تجاه لفح السّنابل حيث ثبت انخفاض وزن 1000 حبّة إثر الإصابة بفطر *Fusarium culmorum* .

الكلمات المفاتيح : الشّعير, لفح السّنابل ,الإفرازات السّامة.

INTRODUCTION

Les céréales présentent un rôle primordial dans l'alimentation humaine et animale. La céréaliculture intervient avec une importance socio-économique majeure dans le monde entier. C'est de ce fait que s'explique l'importance de ce secteur dans plusieurs domaines de la recherche agronomique.

L'orge en particulier figure parmi les cultures céréalières dont l'importance n'a cessé de croître au cours de la dernière décennie tant sur le plan national que sur le plan mondial. En effet, cette culture est avec le blé, le mais et le riz constitue l'une des céréales les plus cultivée dans le monde. Elle se situe au quatrième rang avec une production annuelle en grains de l'ordre de 137 millions de tonnes. Non seulement cultivé pour son utilisation en grain, l'orge offre l'avantage de pouvoir être menée en double exploitation pour avoir une première récolte en vert, suivi d'une deuxième en grain (Ouji *et al*, 2010).

En Tunisie, l'orge est la deuxième céréale produite (22% de la production des céréales) succédant le blé (75% de la production céréalière). Les superficies emblavées, chaque année, pour la culture de l'orge, sont de l'ordre de 500 mille d'ha (ONAGRI). En dépit de sa participation dans l'activité socio-économique, la production nationale de l'orge reste insuffisant pour satisfaire les besoins du pays. De ce fait il est nécessaire d'améliorer la production et d'augmenter les rendements surtout que la consommation ne cesse pas d'augmenter et le prix mondial de l'orge reste toujours croissant.

Cependant, satisfaire les besoins n'est pas la seule préoccupation car assurer la sécurité alimentaire demeure aussi une préoccupation primordiale. Donc il faut améliorer aussi bien quantitativement que qualitativement la production. Cependant, la qualité dépend de la présence de certaines substances toxiques qui peuvent être produites par certains agents phytopathogènes s'attaquant aux cultures des céréales y compris l'orge au cours de son développement. Sachant que ces substances peuvent causer plusieurs dangers pour la santé, ils présentent aujourd'hui un problème au niveau de la sécurité des denrées alimentaires.

Parmi ces agents phytopathogènes à l'origine de cette contamination figurent les champignons du genre *Fusarium* qui peuvent causer la fusariose de l'épi. Il s'agit d'une maladie commune à travers le monde, qui s'attaque aux céréales à petits grains et peuxt causer des dégâts considérables en affectant les rendements ainsi que la qualité des grains. Différentes toxines peuvent être produites suite à une attaque de cette maladie dites « mycotoxines » (Lori *et al.*, 2009). Différentes fusariotoxines peuvent être produites sur les grains issus d'épis contaminés, telles que : les trichothécènes, la zéaralénone et la fumonisine. Les trichothécènes sont constitués de deoxynivalenol (DON) et nivalenol (NIV) dont la toxicité n'est pas identique.

En 2004, la fusariose de l'épi a été détectée sur blé, au Nord de la Tunisie avec un développement spectaculaire. A notre connaissance aucune étude n'a été réalisée en Tunisie sur la fusariose de l'épi de l'orge.

C'est dans ce cadre que s'inscrit ce travail de mémoire de projet de fin d'étude, ayant comme objectif d'étudier la fusariose de l'épi sur orge, nouvellement observée en Tunisie.

A cette fin, l'isolement et l'identification des agents pathogènes à partir de sept échantillons de grains d'orge naturellement infestés a été réalisé. Les différents échantillons représentent des cultivars provenant de différentes régions et collectés durant les deux compagnes agricoles 2011/2012 et 2012/2013. Ces analyses concernent principalement l'isolement des champignons du genre *Fusarium* à partir des grains et la détection des mycotoxines de type DON par test ELISA. Ensuite, l'étude du comportement du cultivar d'orge « Rihane » vis-à-vis la fusariose de l'épi après inoculation artificielle a été menée et évaluée par le suivi de la progression d'attaque de la maladie, l'étude de l'effet du champignon sur le poids de mille grains, le nombre et le poids d'épillet par épis.

ANALYSE BIBLIOGRAPHIQUE

I. L'orge

I-1 Généralités

L'orge cultivée (*Hordeum vulgare* L.), de constitution génomique diploïde (2n=14), est une céréale à paille et considérée parmi les céréales les plus produites à travers le monde. L'orge est une monocotylédone, appartenant à la famille des *Poaceaes*, à la tribu des *Hordées*, et au genre *Hordeum*. Sa classification est basée sur la fertilité des épillets latéraux, la densité de l'épi et la présence ou l'absence des barbes (Rasmusson, 2002). Au stade herbacé, elle se distingue principalement des autres céréales par son feuillage vert clair et par un fort tallage (Missaoui, 1991).

Il existe deux sous espèces d'orge selon que l'épi porte deux ou six rangées de grains (Photo 1):

• *Hordeum. vulgare distichum* celles à épis plats à 2 rangs de grains ou l'orge distique: à épi aplati composé de 2 rangées d'épillets fertiles, un sur chaque axe du rachis, entouré de 4 épillets stériles.

• *Hordeum. vulgare hescastichum* à épi à 6 rangs ou orge hexastique: encore appelé escourgeon, à une section rectangulaire, sur chaque axe du rachis les 3 épillets sont fertiles.

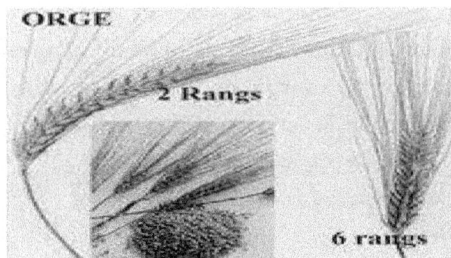

Photo 1. Les deux sous espèces d'orge à deux et à six rangs
(http://peplus.free.fr/recocere.htm)

L'orge, originaire vraisemblablement de l'Est de l'Afrique (Éthiopie) et le Centre de l'Asie. et elle est cultivée principalement pour ces grains. Ces derniers sont riches

3

en fibres et protéines, et ils sont utilisés en alimentation humaine ou animale. De plus, l'orge est cultivé pour sa paille ou encore exploité tant que fourrage vert (pâturage ou ensilage) pour l'alimentation des (El Felah, 2011).

I-2-Exigences édapho-climatiques :

La culture de l'orge s'insère bien dans les milieux caractérisés par une grande variabilité climatique (Abbas et Abdelguerfi, 2008). D'ailleurs, cette plante s'adapte au climat méditerranéen, et elle est cultivée dans plusieurs régions du monde à savoir : le Proche et l'extrême orient, et dans le Nord et le Centre est de l'Afrique.

Concernant les exigences édaphiques, l'orge préfère des sols légers, frais et pas trop compacts. De plus, des terres calcaires bien aérées et travaillées sont favorables pour le développement de cette culture. Concernant les besoins en eau, et étant donné que l'orge est peu sensible à la sécheresse, ces besoins durant son cycle végétatif varient en fonction de la conduite en culture pluvial ou en irrigué.

I-3- Cycle de développement

L'orge est une plante annuelle ayant un cycle de développement voisin de celui du blé, et qui peut durer entre 130 et 150 jours (Soltner, 2005). Généralement le cycle de développement de l'orge comprend deux phases à savoir : une phase végétative et une phase reproductive.

I-3-1-Une phase végétative

Cette phase comprend trois stades : la germination, la levée et le tallage. En effet, la germination est marquée par le fait que la coléoptile sort de la graine. Ce stade est favorisé par des températures variant de 20 à 25° C. ensuite le stade de la levée qui correspond à l'apparition de la coléoptile à la surface du sol. Enfin, le tallage dont le début est marqué par l'apparition de l'extrémité de la 1ère feuille de la talle latérale puis d'autres talles naissent successivement, formant un plateau du tallage situé juste au niveau du sol.

I-3-2-Une phase reproductive

Le début de cette phase est marqué par la fin du tallage, et elle comprend les stades suivant :

- **La montaison:** ce stade est marqué une fois l'ébauche de l'épi du brin maître atteint 1 cm de hauteur et s'achève une fois l'épi prend sa forme définitive (Gates, 1995).

- **L'épiaison:** est la période allant de l'apparition des premiers épis jusqu'à la sortie complète de tous les épis hors de la gaine de la dernière feuille.

- **La floraison:** est la sortie des premières étamines hors des épillets au milieu de l'épi. Au cours de ce stade la gaine passe de l'état laiteux à l'état pâteux.

- **La maturité complète:** elle est atteinte lorsque les grains deviennent murs et prêtes à être récolté, c'est alors la période des moissons.

Généralement, selon les variétés, l'orge peut être semée au printemps ou en hiver:

> **Les orges de printemps:** sont sensibles au gel et ont un cycle végétatif plus court. Elles se sèment en février-mars, et la récolte s'effectue en été.
> **Les orges d'hiver :** se sèment fin septembre - début octobre. Après avoir passées l'hiver sous terre, elles sont récoltées juste avant les orges de printemps. Elles peuvent supporter des températures allant jusqu'à -15°C.

I-4- Utilisation et usage

L'orge offre l'avantage de pouvoir être menée en double exploitation : première récolte en vert, suivi d'une récolte en grain (Ouji et al ; 2010). Tout comme le blé, l'orge est riche en glucides complexes, vitamines et minéraux. Elle fait parti de la composition de mélange de céréales de petit déjeuner ou de céréales-légumes. Elle permet la fabrication des sucres d'orge en sirop.

Plus d'un tiers de sa production totale est destiné à l'alimentation animale. Utilisée essentiellement en grain pour la fabrication d'aliments pour le bétail et les volailles. L'orge en paille constitue également un complément alimentaire donné aux bovins et aux chevaux (El felah, 2011).

Concernant son utilisation dans la brasserie, Elle ne peut être brassée directement. Elle doit tout d'abord être transformée, c'est le maltage. Après cette étape, elle devient donc du malt.

5

La production de l'orge est en progression de 12% passant de 122.7 millions de tonnes en 2010/2011 à 137.5 millions de tonnes pour 2013-2014. Alors que la consommation augmente dans le même temps de seulement de 1.7% (134.3 Mt à 136.6 Mt). Sachant que les pays en voie de développement occupent 45% de la superficie mondiale réservée à la production des céréales et contribuent à 42% à la production mondiale.

Ce pendant, la surface réservée à l'orge dans les pays industrialisés ne représente que 29%, assurant le tiers de la production mondiale. Le reste a été concentré en Europe de l'Est et Union soviétiques (FAO, 2013).

I-5-2- Production de l'orge en Tunisie

La production des céréales en Tunisie durant la compagnie 2013 a été estimée à 1.3 millions de tonnes, dont 0.975 million de tonnes de blé (environ 80% de blé dur et 20% de blé tendre) et 0.28 millions de tonnes d'orge (Figure 1). Sachant que les surfaces céréalières emblavées durant la campagne 2012/13 ont été estimées à 1.13 millions d'ha (75% des prévisions) contre 1.34 millions d'ha occupées en 2011/12 soit une diminution de 15.7%, et durant cette compagne la superficie d'orge emblavée est de l'ordre de 457 mille ha (ONAGRI, 2013).

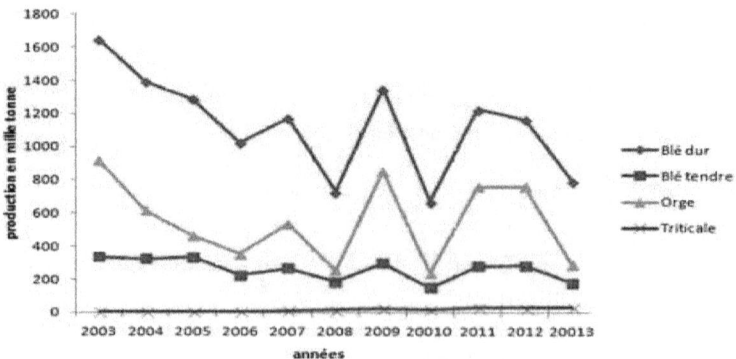

Figure1. Evolution de la production des céréales en Tunisie durant la dernière décennie (DGPA, 2013)

6

I-6- Les Maladies de l'orge

Dans le monde, les principales **maladies qui peuvent attaquer l'orge sont :** la rhynchosporiose, l'helminthosporiose, la ramulariose, la rouille naine, et l'oïdium. En Tunisie, plusieurs maladies fongiques peuvent infecter l'orge, et leurs degré d'infestation ainsi que leurs dégâts restent toujours en fonction des conditions édapho-climatiques.

Parmi les maladies les plus rencontrées chez l'orge en Tunisie figurent l'oïdium, le charbon, la maladie strié de l'orge, et la fusariose de l'épi (Bouzid Nasraoui, 2008). Cependant il existe d'autre maladies virales (jaunisse nanisante de l'orge…) et bactérienne (pourriture de la base des glumes…) mais elles sont moins fréquentes.

II-La fusariose de l'épi

II-1-Généralité

La fusariose de l'épi ou l'échaudage de l'épi (ou encore Fusarium Head Blight (FHB)), est une maladie fongique qui infecte les épis des céréales. Cette maladie a envahit le monde depuis quelques décennies et elle est généralement causée par un complexe fongique appartenant à deux genres: *Fusarium* et *Michrodochium*. L'attaque de ce complexe fongique aux grains de céréales cause la production de substances toxiques appelées « mycotoxines ». Ces substances peuvent engendrer des effets néfastes aussi bien pour la santé de l'homme que pour les animaux, et peuvent induire une diminution de la qualité des récoltes (Nasraoui ,2008).

II-2-Répartition géographique

La fusariose de l'épi est une maladie commune dans plusieurs régions du monde. En effet, cette maladie est répondue dans les régions tempérées tel que l'Europe et particulièrement en France, en Italie, en Espagne et en Belgique (Boughalleb et *al.*2006). La fusariose de l'épi est aussi répondue en Amérique du nord et au Québec où elle constitue un défi constant à la production du blé et de l'orge. De plus, la maladie a été rapportée en Asie (Wang, 1996), en Australie (Burgess *et al.* 1987), au Sud de l'Afrique (Boshof *et al.*,1999) et au Nord de l'Afrique (Kammoun et *al.*, 2009).

Les symptômes de la fusariose de l'épi se manifestent par la présence d'une coloration brun foncé ou rosâtre à orangé des épillets attaqués. Au fur et à mesure que la maladie progresse vers le haut et vers le bas, il y aura une pré-maturation des épillets (Photo 2). Les grains infectés que l'on récolte sont ridés, chétifs et peuvent être de couleur brun foncée ou rosâtre (Photo 3).

Photo2.épi d'orge infesté par la fusariose   **Photo3.grains d'orge fusariés**

II-4-Agent causal

La fusariose de l'épi est généralement causée par un complexe fongique appartenant à deux genres: *Fusarium* et *Michrodochium* dont la prédominance de chacune des espèces variant en fonction des années, des régions et même des parcelles (Smiley, 2002). Mais généralement les espèces du genre *Fusarium* sont les plus répondues et ont plus d'intérêt car ils sont capables de produire des mycotoxines. Alors que les espèces du genre *Michrodochium* sont répondues qu'en régions tempérées et ne sont pas productrices de mycotoxines (Xu *et al.*, 2005). Parmi les espèces de *Fusarium*, six sont les plus fréquentes, il s'agit de *F. culmorum*, *F.graminearum, F. pseudograminearum, F. poae,* et *F. avenaceum* (Osborne et Stein, 2007). Une étude réalisée en Tunisie a révélé la présence de quatre espèces associées à la fusariose de l'épi sur bléà savoir: *Microdochium nivale, Fusarium culmorum, F. pseudograminearum* et *F. avenaceum* (Kammoun *et al.*2009).

Le genre *Fusarium* provient du nom latin « *fusus* » car les spores de ce champignon sont en forme de fuseau. Il s'agit d'un champignon imparfait (Deuteromycètes) qui comprend plus de 100 espèces.

La classification des espèces de *Fusarium* est basée sur leurs caractéristiques morphologiques, principalement la présence de macroconidies pluricellulaires, arquées en forme de croissant (Nasraoui, 2008). Sachant que ce champignon peut être à l'origine de trois types de maladies à savoir : la fonte de semis, le piétin fusarien et l'échaudage de l'épi (Parry *et al.*, 1995).

II-5- Cycle biologique de la fusariose

Le cycle biologique de la fusariose de l'épi comprend plusieurs étapes. En effet, la présence de semences ou de chaumes contaminés, la présence aussi de chlamydiospores, du mycélium ou des périthèces du champignon dans les débris végétaux causent la fonte de semis.

De plus, l'infection peut commencer par les racines puis le collet jusqu'au atteindre les tiges ainsi le champignon commence à former du mycélium et on assiste à une dispersion des conidies sous l'action de plusieurs facteurs (pluies, vent...), l'épi est alors attaqué (Figure 3). Le stade critique de l'attaque de cette maladie chez le blé, et l'orge est celui de la floraison.

Cependant chez l'orge l'exposition de l'épi s'étend de l'épiaison jusqu'à la maturité des grains parce que les fleurs de ce dernier sembles être plus protégé que celle du blé lors de la floraison (Anonyme, 2004).

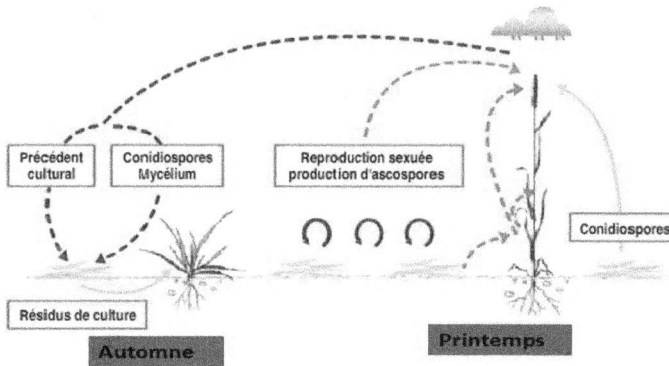

Figure2. Cycle biologique de la fusariose des céréales (Arvalis institut du végétal. site officiel)

II-6- Dégâts de la fusariose de l'épi

La fusariose de l'épi peut être dévastatrice et causer de ce fait des pertes économiques très importantes qui restent variable en fonction du climat, de l'année mais aussi des pratiques culturaux. Des études précédentes réalisées par (Windels, 2000), ont montré que selon les types des dégâts, les pertes de rendement peuvent varier généralement entre 30 et 70%. En outre ce sont les toxines produites par les espèces du genre *Fusarium* responsables de cette maladie qui peuvent causer plus de problèmes. En réalité, ces types de toxines dites « mycotoxines » affectent la qualité nutritive et technologique des grains. La palette des effets néfastes des mycotoxines est très étendue : des effets cancérogènes, mutagène, œustrogénique, neurotoxiques, hépatotoxiques, et hématotoxiques ont été rapportés (Rocha et al., 2005). C'est de ce fait que cette maladie est de plus en plus préoccupante.

III- Moyens de lutte contre la fusariose de l'épi

Plusieurs mesures sont disponibles pour réduire le risque d'attaque de la fusariose de l'épi. Ces mesures sont classés soit à court terme basées sur la lutte culturale, chimique et biologique ; soit à long terme et qui consistent à l'utilisation des cultivars résistants.

III-1- La lutte culturale

Étant donné que les espèces du genre *Fusarium* survivent sur les résidus culturaux, l'exigence de la rotation devient ainsi importante pour éliminer les chaumes et les débris végétaux contaminés qui consistent un réservoir d'inoculum. Un bon travail du sol peut aussi intervenir pour faire face à cette maladie. L'utilisation de semences traités et de bonne qualité ne manque pas d'importance surtout que la fusariose de l'épi est transmissible par les semences (Nasraoui, 2008),

III-2- La lutte chimique

En présence des facteurs de risque, la mise en œuvre d'un programme de traitement au stade critique (début et pleine floraison) contribue à réduire l'incidence de la maladie. En effet, à l'échelle internationale, des produits chimiques à base de prothioconazole tel que le PROLINE[MD] 480 SC sont homologués pour lutter contre la fusariose de l'épi chez le blé et l'orge (anonyme 2007).

Reste que le choix du traitement, le respect de la dose, le stade et la technique d'application présente une importance majeure pour l'efficacité du traitement (Thomas, 2005).

III-3- La lutte biologique

Quelques antagonistes biologiques se sont montrés capables de s'opposer au développement des souches de *Fusarium*. Des souches de genre *Bacillus, Pseudomonas et Lysobacter* sont les plus utilisées pour la lutte biologique contre la fusariose de l'épi (Schisler et al, 2002).

III-4- Résistance des cultivars

Des recherches dans le but de créer des cultivars de céréales dotés d'une meilleure résistance à la fusariose de l'épi. Bien qu'aucun cultivar n'est totalement résistant à cette maladie. Reste que la sélection des cultivars résistant est une tache de longue durée qui exige le développement de méthodes de sélection très poussées. En plus une variété ne doit pas seulement résister à l'infection au niveau de l'épi, mais aussi à l'accumulation de mycotoxines dans les grains (Koch et *al.* 2006)

IV- Les mycotoxines

IV-1- Définition

Le terme mycotoxine vient du grec "mycos" qui signifie champignon et du latin "toxicum" qui signifie poison. Récemment, les mycotoxines sont définis autant que molécules très stables dans le temps, inodores, incolores, et sans saveurs. Les mycotoxines sont présentes dans toute une série de produits de l'alimentation humaine et animale et provoquent de nombreuses maladies chez l'homme et l'animal (Coker, 1997).Ces mycotoxines sont produites dans des situations écologiques très diverses, ce sont des contaminants naturels de l'alimentation provoquant des intoxications et disfonctionnement chez les humains et les animaux qui les consomment. Le contact avec les mycotoxines peut être à l'origine de toxicités aiguës et chroniques. Reste que leurs effets sont plus ou moins intense en fonction de leurs types et de la dose ingérée (Thomas, 2005).

IV-2- Principales mycotoxines

Plus de 300 mycotoxines ont été identifiées, toutes ne sont pas toxiques pour autant. Certaines sont utilisées par l'industrie pharmaceutique ou alimentaire. Il

11

reste toutefois une trentaine d'entre-elles considérées comme potentiellement dangereuse du fait d'avoir une incidence sur la santé humaine en fonction de leur production et de leur concentration dans les produits alimentaires. Parmi ces mycotoxines, on peut citer :

IV-2-1- Les Alfatoxines (AF)

Les alfatoxines sont produites par des souches des espèces appartenant au genre *Aspergillus*. Elles ont un pouvoir hépatotoxique et hépathocancérogène et provoquent des toxicités aigues et fortes. Chez les animaux, des aliments contaminés conduisent à une augmentation de la sensibilité aux infections microbiennes et une diminution de l'efficacité vaccinale (Oswald et al. 2005).

IV-2-2- L'ochratoxine A (OTA)

C'est une toxine de stockage, elle est la plus dangereuse des ochratoxines. Elle a un effet néphrotoxique (toxique pour les reins), néphrocancérogène, tératogène (cause des malformations fœtales pendant les trois premiers mois de la grossesse) et semble agir également au niveau du système immunitaire chez la plupart des mammifères (L.Bouton et J. Caudrier, 2011).

IV-2-3-La zéaralénone (ZEA)

La plus part des champignons productrices de cette mycotoxine sont du genre *Fusarium*. Cette toxine est un oestrogène naturel, elle apparaît simultanément en compagnie du déoxynivalénol (DON) dans les céréales et agit principalement sur l'appareil reproducteur (hyperoestrogénisme, perturbateur de la fertilité et reproduction) (Gajecka et al. 2004). Au champ, la ZEA se trouve davantage dans le maïs et le sorgho que dans les céréales à paille. Le gluten et les germes sont plus fortement contaminés en ZEA que le grain. La ZEA est stable et ne se dégrade pas sous l'effet des températures élevées.

IV-2-4- Les fumonisines B1, B2 (FUM)

Ce sont des mycotoxine produites par des champignons du genre *Fusarium*. Elles sont très stables et peuvent persister sur les grains suite aux différentes actions de nettoyage d'où leurs présences dans la chaine de transformation des céréales jusqu'au produit final (Hazel & Patel, 2004). Les FUM sont immunotoxiques (dégradation du système nerveux) et hépatotxiques et provoquent même des lésions au niveau des poumons, des pertes d'appétit et de tonus.

IV-2-5-Les trichothécènes (TCT)

Les espèces du genre *Fusarium* qui sont associées à l'orge et au blé produisent principalement les trichothécènes.

➤ Toxine trichothécène 2 (T-2)

C'est une TCT du groupe A, elle est plus toxiques que les TCT du groupe B, mais plus rares. La toxine T-2, produite sur les céréales dans de nombreux pays du monde, est particulièrement associée à une période prolongée d'humidité pendant la moisson. Elle est probablement à l'origine de l'aleucie toxique alimentaire, la maladie qui a touché des milliers de personnes en Sibérie pendant la Seconde guerre mondiale (CIRC, 1993).

➤ Le Déxoxynivalenol (DON)

C'est une TCT du groupe B, le plus répondu dans le monde, également connu sous le non de « vomitoxine », principalement produite par *Fusarium graminerum* et *F.culmorum*. Elle se développe dans les pays tempérés et contamine principalement les céréales au cours des cultures, des récoltes et lors du stockage en conditions humides. Il est très stable dans le temps et reste donc présent même après la disparition des moisissures (Wolf-Hall et al., 1999). Chez le bétail la présence de DON dans les aliments provoque des syndromes émétiques et le refus de nourriture: c'est d'où vient le nom de « toxine émétique » attribué à cette mycotoxine.

IV-3 Voies de biosynthèse des mycotoxines

De nombreux gènes impliqués dans la voie de biosynthèse des mycotoxines de type trichothécènes. Ils sont nommés gènes tri. La présence du gène tri 5 si elle s'additionne à l'effet tu gène tri 3 et tri 8 on aura la sécrétion du trichoticène de type DON si non il va y avoir sécrétion des mycotoxines de type NIV (Kimura, 2003).

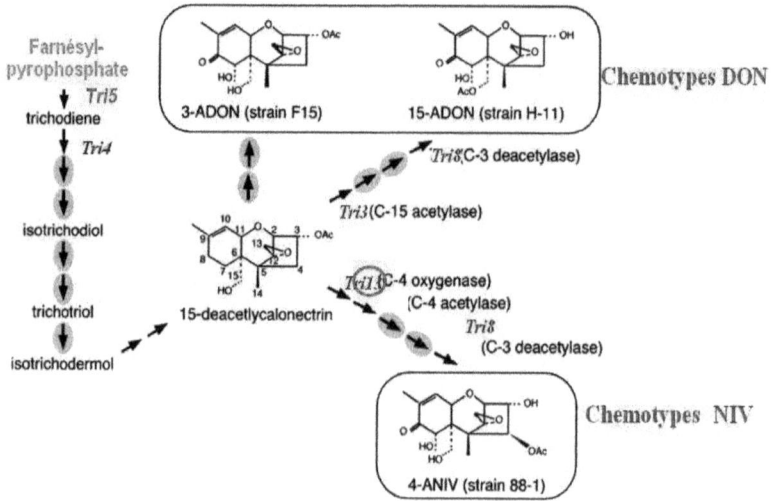

Figure 3. Voie de biosynthèse des trichothécènes (Kimura et *al.* 2003)

IV-4- Réglementation

Vue le danger que présente les mycotoxines pour l'homme, une réglementation à été réalisée par la Commission européenne en fixant les teneurs maximales en différentes mycotoxines au niveau des matières premières et produits de transformation pour l'alimentation humaine et animale. Le règlement n° 856/2005 du 6 juin 2005 a publié des doses journalières tolérables, temporaires ou non et/ou des teneurs maximales autorisées (fixées ou proposées) pour plusieurs fusariotoxines, dont les trichothécènes B, et en particulier le deoxynivalenol (DON). Les seuils des mycotoxines en Tunisie ne sont pas encore réglementés alors que dans plusieurs pays du monde il existe déjà des normes pour différentes matières premières. Le tableau suivant (tableau N°1) présente les seuils maximums autorisés pour les déoxynivalénol dans les grains destinés à la consommation humaine ou animale.

Tableau N° 1: Seuils maximums autorisés pour les déoxynivalénol (DON) dans les grains destinés à la consommation humaine et animale (Endure étude de cas sur le blé, Avril2011)

Grains destinés à la consommation humaine	Aliments	DON (ppb)
	Orge et blé tendre non transformé	1250
	Orge et blé dur non transformé	1750
	Farine	750
	Produits transformés	500
	Aliments pour nourrisson	200
Alimentation animale	Grains pour alimentation animale	8000
	Aliment complet pour porc	900
	Aliment complet pour veaux et agneaux	2000

IV-5-Méthodes de détection des mycotoxines

Plusieurs méthodes aujourd'hui sont disponibles pour non seulement détecter la présence des toxines mais aussi pour les quantifier.

Il y a des méthodes physico-chimique basées sur la chromatographie avec différentes classification en fonction des mécanismes de séparation (chromatographie liquide haute performance CLPHPLC, chromatographie phase gazeuse couplée à un spectromètre de masse GC-MS) ; ce sont des techniques très couteuses mais ils fournissent des résultats précis mêmes si les taux des toxines sont trop faibles (Desjardins et *al.,* 2000). Il y a aussi des méthodes immunologiques dont utilise des tests immuno-enzymatiques fournissant généralement des dosages quantitatif d'un seul type de mycotoxine (Raimbault et *al.,* 2002). Cependant il existe d'autres types de test plus rapide et fiable utilisés actuellement en Europe comme premier test à la réception des céréales permet de fournir des réponse de types oui ou non concernant la présence des toxines, les quantifier et analyser plusieurs toxines à la fois par une simple lecture visuelle avec un lecteur adapté (Chandelier A et *al.,*2003).

MATERIEL ET METHODES

I-Matériel végétal

Au début de cette étude, sept cultivars d'orge récoltés durant les deux dernières compagnes agricoles 2011/2012 et 2012/2013 ont été utilisés. La liste de ces cultivars, les années de leur récolte ainsi que leur région d'origine sont illustrées dans le tableau ci-dessous (tableau 3). Sachant que ces cultivars ont été utilisés pour : déterminer les taux d'infestation des grains par les agents pathogènes principalement les champignons du genre *Fusarium*, et pour analyser les mycotoxines de type DON dans les grains naturellement infestés.

Tableau 2. Les cultivars d'orge utilisés, leurs années de récolte et leurs régions d'origine

Cultivars	Années de récolte	Régions
Rihane	2011 /2012	Béja
Manel	2011/2012	Béja
Faiz	2011/2012	Béja
Kounouz	2011/2012	Beja
Ardhaoui	2012/2013	Djerba
Djebali	2012/2013	Kef
Swihli	2012/ 2013	Jendouba

II- Isolement des agents pathogènes

Pour l'isolement des agents pathogènes associés aux grains des sept cultivars cités précédemment, des échantillons de 100 grains de chaque cultivar ont été analysés. Les grains ont été d'abord désinfectés superficiellement dans une solution d'hypochlorite de sodium 1% pendant 3 min, ensuite lavés dans de l'eau distillée stérile pendant 2 min, et séchés sur papier filtre stérile sous hôte à flux laminaire. Dans ce qui suit les grains désinfectés ont été déposés dans des boites de Pétri contenant le milieu de culture PDA (Potato Dextros Agar ; 200 g pomme de terre, 20 g glucose et 15 g agar, 1 litre d'eau distillée) et incubées à 25° C pendant trois jours. A la fin de ce test, la faculté germinative des grains des différents cultivars testés, ainsi que les pourcentages d'attaque des grains par les agents pathogènes ont été déterminés.

III- Identification morphologique des agents pathogènes

Tout d'abord, l'identification des agents pathogènes, développés à partir des grains naturellement infestés, a été basée sur l'aspect général des différentes colonies. Ces dernières ont été ensuite repiquées dans des boites de Pétri contenant le milieu PDA pour la purification. Après 5 à 7 jours d'incubation à 25°C, une identification morphologique des différents isolats a été déterminé et principalement les isolats ayant l'aspect des champignons du genre *Fusarium*. Cette identification a été basée sur l'observation microscopique de la taille, la forme et la septation des spores des isolats obtenus en se basant sur la clé d'identification de Burguess et *al.* (1994).

IV- Dosage des mycotoxines de type DON dans les grains par test ELISA

Pour vérifier la contamination naturelle des grains des différents cultivars testés par les mycotoxines et puisque l'aspect global des grains a montré des symptômes d'attaque par les espèces du genre *Fusarium,* un dosage a été réalisé. Sachant que ce test a porté particulièrement sur le dosage du déoxynivalenol (DON). Il s'agit de la trichothécène la plus fréquemment associée à la fusariose de l'épi en Tunisie. Le dosage de la mycotoxine DON a été effectué avec le kit Ridascreen DON (r-biopharm, Darmstadt, Allemagne) selon les indicateurs du producteur. RIDASCREEN DON. Généralement, cette méthode permet de visualiser une réaction antigène anticorps grâce à une réaction colorée produite sur un substrat, d'une enzyme préalablement fixée à l'anticorps.

IV-1- Préparation des échantillons

Les échantillons ont été broyés avant l'analyse. Ensuite 5 g de chaque échantillon on été bien homogénéisée et mélangé avec 25ml d'eau distillée. Le mélange a été agité vigoureusement pendant 3 minutes puis filtré sur papier filtre Whatman n°1.

IV-2- Réalisation du test

La réalisation du test comprend plusieurs étapes sachant qu'il faut noter la position des étalons et des échantillons dés le début de l'essai. Un volume de 50 µl de chaque filtrat a été ajouté au puits correspondant. Ensuite 50 µl des conjugué enzymatique et 50 µl de la solution de l'anticorps anti-déoxynivalénol a été ajouté successivement. Le mélange a été agité doucement en effectuant un mouvement circulaire et incubé pendant 30 mn à la température ambiante. Puis tous les puits on été vidé en renversant la plaque de microfiltration sur un papier filtre stérile.

Chaque puis a été par la suite remplis avec 250 μl du tampon puis vidé et l'opération a été répétée deux fois. Les puits ont été de nouveau remplis par 100 μl d'une solution substrat chromogène. La plaque a été agitée doucement à l'obscurité pendant 15 mn à la température ambiante. Finalement, 100 μl de la solution stop ont été ajouté dans chaque puits pour arrêter la réaction. La mesure de l'absorbance a été ainsi effectuée à l'aide d'un spectrophotomètre à une densité optique λ égale à 450 nanomètre.

V- Etude préliminaire du comportement du cultivar « Rihane » vis-à-vis de la fusariose de l'épi

Avant de tester le comportement du cultivar « Rihane » vis-à-vis de la fusariose de l'épi, On a testé l'effet de différentes concentrations d'une solution sporale de l'espèce *Fusarium culmorum* (l'espèce du genre *Fusarium* qui a été détecté avec un taux élevé) sur la germination.

V-1- Effet des différentes concentrations de Fusarium culmorum sur la germination des grains

On a utilisé le cultivar « Rihane » pour déterminer l'effet de quatre concentrations d'une solution sporale de l'espèce *Fusarium culmorum* (10^3; 10^4; 10^5; 10^6 spores/ml) sur la germination des grains. Au début de l'essai, 100 grains ont été désinfectés, lavés, et séchés sur papier filtre stérile. Puis les grains ont été mis dans des boite de Pétri stérile contenant du papier filtre stérile imbibés d'eau. Ensuite, chaque grain a été inoculé avec 50 μl de chaque concentration, alors que les témoins n'ont pas été inoculés. Après trois jours d'incubation à une température de 25°C, on a réalisé un comptage du taux de la germination.

V-2- Etude du comportement du cultivar « Rihane » vis-à-vis de la fusariose de l'épi

V-2-1- Dispositif expérimental

Un essai sous serre a été réalisé pour tester la sensibilité d'un cultivar d'orge vis-à-vis la fusariose de l'épi causée par l'espèce *Fusarium culmorum*. Pour ce test le cultivar « Rihane » a été utilisé comme support végétal. On a choisi ce cultivar car il est le plus utilisé par les agriculteurs tunisiens et occupe presque 60% des superficies emblavées chaque année (Guide d'orge tunisien, 2004).

Il faut signaler qu'on a fait un test de germination des semences utilisées : Une désinfection des semences a été faite pour éliminer le maximum des agents pathogènes. Puis un échantillon de 100 graines à été distribué sur 10 boites de Pétri contenant du papier filtre imbibé d'eau. Après 3 jours d'incubation à la température ambiante, on a effectué un comptage pour voir le pourcentage de la germination des grains. Pour la fiabilité des résultats 3 répétitions de ce test on été réalisées.

Les semences ont été semées alignés en 10 lignes espacés de 45 cm et de longueur 2 m chacune sous une serre à la fin du mois de Novembre.

V-2-2- Inoculation par suspension sporale

L'inoculation des plantes a été réalisée par une solution sporale (de concentration 10^6 spores/ml) préparée a partir d'une culture monosporale de *F. culmorum* développée sur le milieu Water Agar (c'est un milieu composé uniquement de l'eau et de l'agar à raison de 20 g d'agar par litre d'eau). Deux gouttes de Tween 20 ont été ajoutées à l'inoculum pour mieux favoriser la fixation des spores sur les épis.

Cette opération à été faite au stade floraison par la pulvérisation de la solution sporale au niveau des épis en inoculant une ligne et en laissant la suivante pour témoins. Au cours de cet essai, trois répétitions ont été réalisés. Pour garantir la fiabilité des résultats, les épis inoculés ont été couvertes par des sachets pendant 24 h.

V-2-3- Suivi de la culture après inoculation

Le principe de suivi de la progression d'attaque consiste à effectuer un comptage du nombre des épillets qui présentent les symptômes de la maladie tous les 7 jours (7, 14, 21, et 28 jours après l'inoculation des épis). Puis, ces mesures ont été transformées en surface sous la courbe de progression de la maladie (AUDPC, Area Under Disease Progress Curve) (Shaner et (Finney1977). L'AUDPC standardisée est calculée suivant la formule suivante :

$$\text{AUDPC} = \sum_{i=1}^{n} \left[(Y_{i+n_1} + Y_i)/2 \right] \left[(x_{i+1} - x_i] \right]$$

Avec n = nombre total d'observations = 4 ; Y_i = nombre d'épillets infestés à chaque observation; $(x_{i+1} - x_i)$ = durée séparant deux observations consécutives = 7 jours.

RESULTATS ET DISCUSSION

I- Isolement et identification des agents pathogènes

L'isolement à partir des grains d'orge des cultivars testés a montré la présence de plusieurs champignons qui présentent différents aspects, couleurs et formes des colonies (Photo 4). Ces champignons développées après 5jours à 25 °C appartiennent à différents genre : *Alternaria, Pénicellium, Aspergillus,* et *Fusarium.*

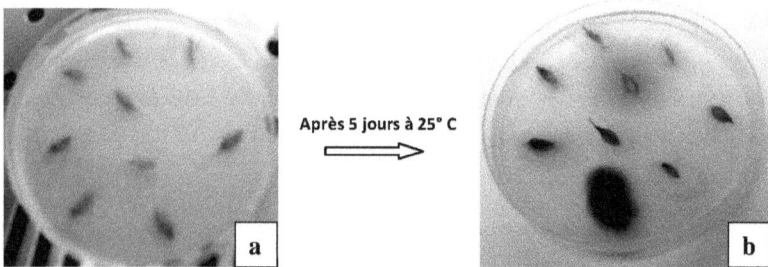

Photo 4. Agents pathogènes développés à partir des grains d'orge, (a) grains désinfecté et repiqués sur le milieu PDA ; et (b) développement des agents pathogènes

Ces résultats préliminaires montrent, et d'après notre connaissance, pour la première fois la présence de la fusariose de l'épi en Tunisie sur des grains d'orge. De tant plus que les taux d'infestation des grains naturellement infestés par les espèces de *Fusarium* varient entre 7% et 30% avec une prédominance de l'éspèce *Fusarium culmorum* (tableau 3).

Les résultats ont montré aussi que le cultivar Rihane étant le cultivar le moins attaqué avec un taux de 7% considéré faible par rapport au cultivar « Swihli » (30%) qui a montré un niveau d'attaque plus important (Tableau3).

Tableau 3. Taux des agents pathogènes développés à partir des grains d'orge des différents cultivars pourcentage de germination des grains, années de récolte et les régions de culture

Cultivar	Fusarium spp (%)	Germination (%)	Année de récolte	Régions de culture
Rihane	7%	98 %	2011/2012	Béja
Manel	26%	90%	2011/2012	Béja
Djebeli	25%	92%	2012/2013	Kef
Faiz	0%	98%	2011/2012	Béja
Swihli	30%	90%	2012/2013	Jendouba
Kounouz	0%	98%	2011/2012	Béja
Ardhaoui	26	90	2012/2013	Djerba

Les résultats de ce test illustrés dans le tableau 3 montrent aussi que le taux de germination des grains des différents cultivars est variable (de 90% à 98%). En effet, suite à une forte attaque par le *Fusarium* le cultivar Swihli ne présente que 90% de pourcentage de germination alors que « Rihane » présente une germination assez importante (98%) équitable avec celles qui ne sont pas infestés (Faiz et Kounouz).

La présence de l'espèce *Fusarium* semble avoir un effet sur la germination chez certains cultivars : Manel, Swihli et Djebeli. Cependant chez « Rihane » ou le taux d'infestation par le *Fusarium* n'a pas dépassé 7%, le taux de germination été plus élevé. Ces résultats sont en concordance avec les constations qui ont mentionné que la fusariose de l'épi influence le taux de germination des grains (Chandler *et al.*, 2003).

Les campagnes céréalières ainsi que les régions de culture des différents échantillons sont variables, par la suite le degré d'infestation peut être dû à l'un de ces facteurs, ce phénomène a été déjà expliqué par Desjardins *et al.* (2004). Ce dernier a mentionné que les conditions climatiques de l'année, la contamination du sol, le précédant cultural, la tolérance au champignon ainsi que le potentiel toxinogène de l'agent causal peuvent être à l'origine de la variabilité de la contamination chez les plantes attaquées.

L'identification morphologique et microscopique des colonies développées à partir des grains naturellement infestés et après repiquage à montré la présence de trois espèces appartenant au genre *Fusarium*: *Fusarium pseudograminearum, Fusarium avenaceaum,* et *Fusarium culmorum,* avec une prédominance de ce dernier de l'ordre de 80% (Photo 5).

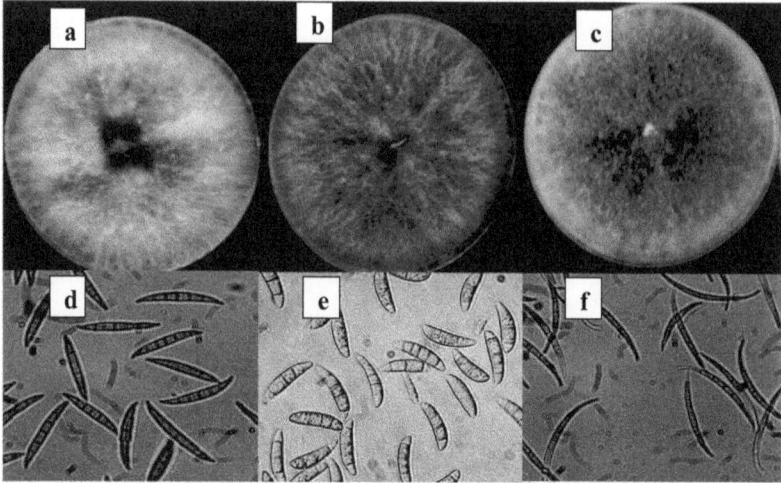

Photo 5 :. Aspect macroscopique et microscopique des espèces du genre *Fusarium* (Gx40).
a : culture de *Fusarium pseudograminearum,* b : culture de *Fusarium culmorum,* c :culture de *Fusarium aveneacum,* d : marcoconidies de *Fusarium pseudograminearum,* e : macroconidies de *Fusarium culmorum,* f : macroconidies de *Fusarium aveneacum après 10 jours de développement à 25°C.*

En effet, l'observation et l'identification microscopique des spores des différentes espèces a été basée sur la forme et la septation des macroconidies en utilisant le manuel d'identification de Burguess et al (1994). Concernant l'espèce prédominant et dont notre étude a été basée *F.culmorum,lequel est basée notre étude,* la colonie est de coloration rosâtre (Photo 5.b) et les macroconidies sont fusiformes et septés (Photo5.e).

Les résultats de ce test ont montré aussi que les cultivars qui présentent les taux d'infestation les plus élevés ont été cultivés dans des régions appartenant aux deux étages bioclimatiques : l'étage sub-humide et l'étage semi aride. Ces résultats supportent les résultats trouvés par Gargouri et *al.* (2008) et qui ont montré que es étages bioclimatiques présentent la zone de manifestation et de développement de la fusariose de l'épi en Tunisie. De plus des travaux ultérieurs réalisés sur blé ont montré que la fusariose de l'api est répondue dans ces régions (Kammoun *et al.,* 2009).

Le dosage des mycotoxines a été réalisé pour tous les échantillons de sept cultivars collectés : Rihane, Manel,Djebeli, Faiz, Swihli, Kounouz et Ardhaoui.

Au cours de ce test il y a eu dosage des trichothécènes de type DON car les résultats de l'isolement et de l'identification des agents pathogènes ont montré la présence principalement de l'espèce *F.culmorum* (une prédominance de l'ordre de 80%). Cette espèce est connue par sa potentialité à produire les trichothécènes ; principalement les DON.

Les résultats ont montré que les trichothécènes de type DON ont été détectés dans 5 échantillons à l'exception des cultivars Kounouz et Faiz prévenant de la région de Béja. Ce pendant, l'échantillon du cultivar « Rihane » qui est aussi originaire de la région de Béja contient des faibles taux de DON. Ces résultats préliminaires expliquent les constatations de (Ponts *et al* (2004) qui indiqué que la contamination des grains naturellement infestés par les mycotoxines peut être expliqué par plusieurs phénomènes mais principalement par la composition des grains d'un cultivar donné. Les concentrations du DON enregistrées ont varié selon les cultivars de 1 à 30 µg/kg (Tableau 4). Les résultats obtenus ont montré aussi que l'échantillon du cultivar « Rihane » est le moins infesté par les DON.

Tableau 4: Analyse de la contamination des grains par le DON en utilisant le test ELISA

Cultivars	Concentration du DON (µ /k)
Rihane	1
Manel	5
Faiz	0
Kounouz	0
Ardhaoui	20
Djebali	18
Swihli	30

III-Etude préliminaire du comportement du cultivar « Rihane » vis-à-vis de la fusariose de l'épi

Le cultivar Rihane présente les résultats de taux d'infestation le plus faible ainsi que pour la concentration du DON. De plus il est considéré parmi les cultures

23

d'orges les plus cultivée en Tunisie. C'est pourquoi on l'a choisi tant que matériel végétal pour réaliser nos test.

III-1- Effet des différentes concentrations de Fusarium culmorum sur la germination des grains

L'inoculation des grains d'orge du cultivar « Rihane » par suspension sporale à différentes concentrations a permis d'étudier, *in vitro,* l'impact du champignon sur la germination, et la longueur des radicules. Avant de commencer ce test, la faculté germinative du cultivar Rihane a été déterminé et elle est de l'ordre de 98%.

Le témoin se caractérise par un taux de germination le plus élevé en absence du champignon *F.culmorum.* D'après la figure suivante (figure 4) on remarque que le taux de germination est réduit pour une concentration de l'ordre de 10^3 (de l'ordre de 82%) et il augmente pour une concentration de 10^6 (un taux de 60%). Donc les résultats montrent une diminution au niveau de la germination d'environ 38% en augmentant la concentration de l'inoculum. Ce résultat montre que l'espèce *F.culmorum* altère la faculté germinative chez l'orge.

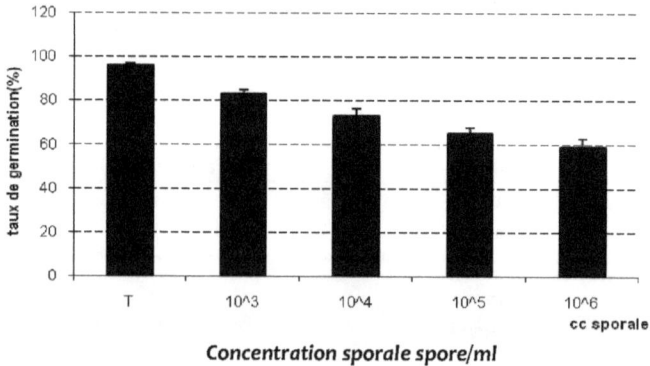

Figure 4.Etude de l'effet de *Fusarium culmorum* sur la germination des grains d'orge.

La longueur moyenne des radicules après l'application de différentes concentrations a été aussi déterminée. Les résultats montrent en premier lieu que le témoin présente toujours la valeur la plus importante (3,7cm). Par la suite des variations progressives en augmentant la concentration de l'inoculum (Figure 5).

24

En comparant le témoin à la concentration la plus élevée on remarque un passage de la longueur de 3,5 cm à 1,7 cm. Donc la quantité des spores pourra influencer la longueur des radicules (Figure).

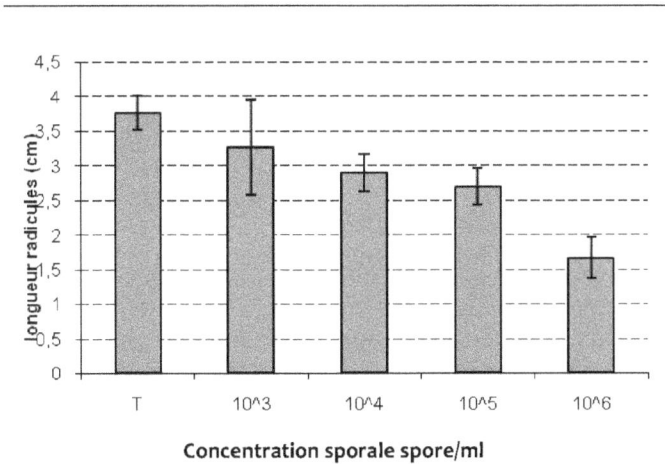

Figure 5 :.Etude de l'effet de *Fusarium culmorum* sur la longueur des radicules des grains d'orge

II-Etude du comportement du cultivar d'orge vis-à-vis Fusarium culmorum

Le suivi de la progression de la maladie nous a permis de détecter l'apparition et le début de l'attaque de la fusariose de l'épi une semaine après l'inoculation d'une suspension sporale de concentration 10^6 sp/ml.

III-1- Symptômes et progression de la maladie

Les premières attaques de la fusariose consiste à l'apparition de quelques épillets qui se dessèchent et blanchissent prématurément, certaines restent vide ou contiennent des grains sombres réduites (Photo 6.a).

Une semaine après l'inoculation quelques groupes d'épillets sur certains épis deviennent de coloration foncée et vers la 3ème semaine, une attaque de la totalité de l'épi se manifeste (Photo6.b) ce qui confirme l'attaque par la fusariose.

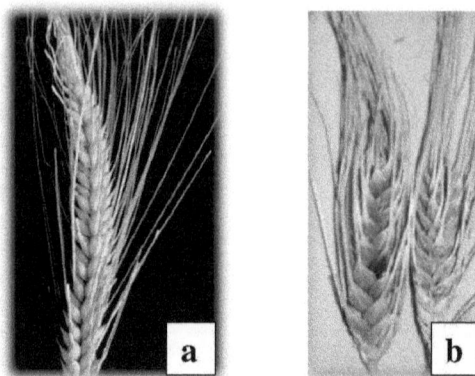

Photo 6 . Épi d'orge au début de l'attaque (7 jours après l'inoculation) (a) et à la fin d'attaque par la fusariose de l'épi un mois après l'inoculation (b)

L'évolution de la maladie a été marquée après le stade floraison (stade critique de la maladie). En effet la présence d'une température moyenne, et une humidité élevée pendant la floraison favorisent le développement de la fusariose de l'épi. Similairement, des conditions de printemps doux avec une température moyenne et une humidité assai élevée ont favorisé le développement de cette maladie dans certains pays tel que la Belgique, l'Espagne et le Canada (Boughalleb et *al.*2006). En Tunisie telles conditions peuvent avoir lieu dans deux l'étage sub-humide et semi aride et par conséquent il peut y avoir infestation des céréales c'était le cas du blé en 2004 (kamoun et al, 2004).

Après la récolte, les grains contaminés présentent un aspect atrophié, momifié et de couleur foncée (Photo 7).

Photo 7.Grains d'orge fusariés après récolte

La figure suivante présente la courbe de la progression de la maladie. D'après la courbe, l'attaque de l'orge par l'espèce *F.culmorum* augmente progressivement pendant les deux premières semaines, puis la vitesse d'infestation augmente rapidement.

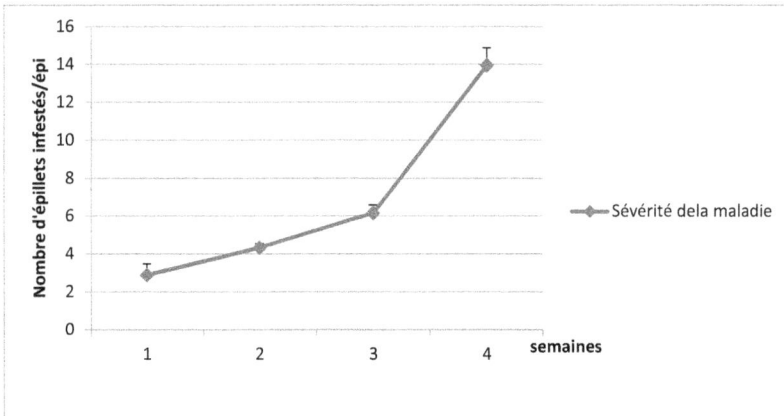

Figure 6 . Courbe de progression de la maladie

D'après les calculs de l'aire de progression de la maladie, la valeur de l'AUDPC est de 243,95.

Cette valeur est faible en comparaison avec des AUDPC de blé obtenu suite à des recherches réalisées au sujet de quelques cultivars de blé tendre et blé dur en Tunisie par kammoun et *al.*(2010) dont le but d'étudier la sensibilité de blé à la fusariose de l'épi. Les résultats obtenus ont varié de 433,7 à 503,1. En tenant compte de cette étude, l'orge semble être moins sensible que le blé. Ceci suggère la présence d'un effet d'autodéfense de l'orge vis-à-vis *Fusarium culmorum* (Haïssam, 2013).

III-2- Analyse des paramètres mesurés

Au cours de ce test trois paramètres ont été déterminés : l'étude de l'effet du *F. culmorum* sur le poids de mille grains (PMG), sur le nombre d'épillet par épi et sur le poids des épillets par épi. Ces paramètres permettent de cerner l'effet de la fusariose sur le cultivar étudié surtout que cette maladie dévastrice est connue par sa capacité de réduire en générale le rendement des céréales (Quarta et al, 2005).

L'étude de l'effet du *F. culmorum* sur le poids de mille grains (PMG), pour les cinq répétitions a montré que l'application de ce champignon a contribué à la diminution du le poids de mille grains. D'ailleurs, d'après l'analyse de la variance, il y a un effet significatif (Figure 12, tableau 5).

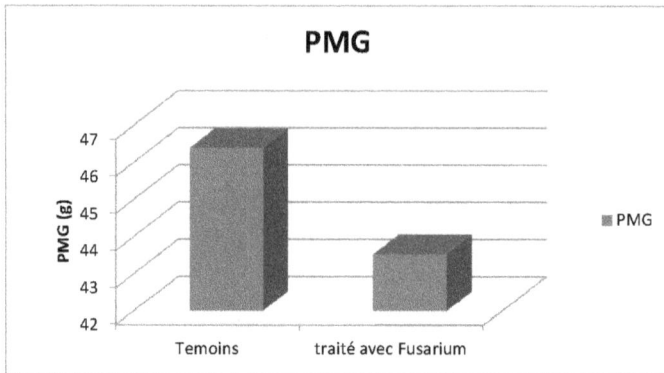

Figure 7 : Poids de mille grains sous l'effet de *Fusarium culmorum* comparé aux témoins.

Les résultats de l'effet de *F. culmorum* sur le poids d'épillet par épi a montré que pour les échantillons témoins la moyenne est de 2.5 g, alors que pour les grains traités par le champignon la moyenne est de 2g par épi. De plus l'analyse statistique a montré qu'il y a une variation mais qui n'est pas significatif.

De plus les résultats de l'effet de l'application du champignon sur le cultivar étudié a montré que la moyenne du nombre d'épillet par épi pour les témoins est de l'ordre de 60 qui est le même pour les lignes traitées. De plus les analyses statistiques ont montré qu'il Il n y'a pas d'effet significatif de *F. culmorum* sur le nombre d'épillet par épi (Tableau5).

Tableau 5 : Résultats de l'analyse de la variance des paramètres mesurés

	Somme des carrés moyen		
	Degré de liberté (dl)	PMG	Nombre d'épillet/épi	Poids d'épillet/épi
Traitement	1	62,5 **	0,064 ns	0,2042041 ns
Erreur	8	2,5	64,540001	0,0589501

CONCLUSION

Cette étude a été réalisée dans le but d'étudier la fusariose de l'épi sur orge qui a été nouvellement détecté en Tunisie. Au cours de laquelle il y a eu en premier lieu, l'isolement et l'identification des agents pathogènes à partir de sept échantillons de grains d'orge naturellement infestés a été réalisée. Ces derniers proviennent de: Béja, Jendouba, Djerba et le Kef.

Ensuite, l'épreuve de l'attaque par les espèces du genre *Fusarium* responsables de la fusariose de l'épi a été confirmée par la quantification des mycotoxines de type DON moyennant d'un kit ELISA.

Trois espèces ont été identifiées à savoir : *F. culmorum*, *F. pseudograminearum*,et *F.avenaceum*. De plus, ces résultats ont montré la présence d'une fréquence élevée de l'espèce *F. culmorum* qui est potentiellement toxinogène. Toute fois cette attaque varie selon les cultivars, les régions et les années. L'évaluation de la présence des mycotoxines particulièrement les trichothécènes de type déoxynivalenol (DON), dans les grains d'orge naturellement infestés, a été également étudiée.

L'analyse par le test ELISA, a montré que les taux de contamination ont été faibles. Les résultats de l'étude du cultivar Rihane envers la fusariose de l'épi montrant sa sensibilité mènent à plusieurs constatations :

- Il faut tenir en considération les différents cultivars testés lors de l'établissement de programme de criblage de la résistance à la fusariose de l'épi.
- La culture de ces cultivars dans les zones favorables au développement de la fusariose est à éviter.
- Il faut vérifier annuellement la contamination des grains par les mycotoxines qui peuvent varier selon les années et les cultivars.

La compréhension des facteurs écologiques favorables à l'infection fongique, à la production des mycotoxines dans les grains s'avère nécessaire afin de mettre au point une stratégie d'avertissement en matière de fusariotoxines. Cela permet sans doute de garantir la qualité et l'innocuité des produits céréaliers largement consommés en Tunisie.

Références bibliographiques

A

Anonyme 2013 : Direction générale de production agricole, Ministère de l'agriculture. Tunisie.

Anonyme 2004 : Bulletin d'information Numéro06 publiée le 07 Juillet 2004. Ministère de l'agriculture, des pêcheries et de l'alimentation. Québec.

Anonyme 2011 : ENDURE Etude de cas sur le blé-guide Numéro2 publié en Avril 2011. Arvalis instiut du végétal

B

Boshof, W.H.P., Pretorius, Z.A., et Swart, W.J. 1999. In vitro différences in fungicide sensitivity between *Fusarium graminearum* and *Fusarium crookwellense*. African Plant Protection 1 : 65-71.

Boughalleb, N., Souli, M., Karbous, B. et Mahjoub, M. E. L., 2006. Identification et répartition géographique des fusarioses affectant l'épi et le pied du blé dans certaines régions du Nord de la Tunisie. Bulletin EPPO,Vol 36 Issue 3.

Bouton L., Coudrelier J., october 2011 :fiche sanitaire coproduits,commité national de coproduits :23 : 8-11

Burgess, L.W., Klein, T.A., Bryden, W.L., et Tobin, N.F. 1987. Head blight of wheat caused by *Fusarium graminearum* Group 1 in New South Wales in 1983. Australasian Plant Pathology 16 : 72-78

Burgess, T., B. Dell and N. Malajczuk, 1994. Variation in mycorrhizal development and growth simulation by 20 *Pisolithus* isolates inoculated onto *Eucalyptus grandis*. New Phytol., 127: 731-739.

C

Chandler, E.A.., Simpson, D.R Thomsett, M.A., et Nicholson, P., 2003: Development of PCR assays to Tri7 and Tri13 trichothecene biosynthetic genes, and charaterisation of chemotypes of Fusaruim graminearuim, Fusaruim culmorum and Fusaruim cerealis. Physiologicaland molecular plant pathology 62: 355-367

Coker, R D (1997). Mycotoxins and their control: constraints and opportunities. NRI Bulletin 73. Chatham, UK: Natural Resources Institute.

D

Desjardins, Q.E., Plattner, R.D., et Gordon, T.R., 2000. *Gibberella fujikuroi* ùatting popolation A and *Fusarium subglutinans* from teosinte species and maize from Mexico and Central America. Mycological Research 104 : 856-872.

Difallah, S., Rezekallah, F., et Abbou, A., 2009. Etude bibliographique de la génétique de la résistance à *drechslera teres. Thèse de doctorat.*

DGPA,Ministere de L'Agriculture : Direction Générale de Production Agricole, Ministère de l'agriculture. Tunisie .

E

EL Felah, M., et Ben Youssef, S., 2004. Guide de la culture de l'orge en Tunisie, Institut Nationale des Grandes Cultures.

El Felah, M., 2011. L'orge en Tunsie : historique, état, actuel et perspectives. Anales de l'INRAT, 2011, p 7-33.

F

FAO, 2007. Cereal breeding takes a walk on the wild side. Trends in Genetics vol. 24, n°1.

FAO,2013, Annuaire statistique de la *FAO 2013*

G

Gates P., 1995. Ecophysiologie du blé composition et utilisation. In : INRA EDITIONS, Paris, France, p.308.

Gargouri-Kammoun, L., Gargouri, S., Rezgui, S., Trifi, M., Bahri, N. et Hajlaoui, M.R. 2009.Pathogenicity and aggressiveness of *Fusarium* and *Microdochium* on wheat seedlings under controlled conditions. Tunisian Journal of Plant Protection 4: 135-144.

Gajecka et al., 2004a et b Survey and risk assessment of the mycotoxins deoxynivalenol, zearalenone, fumonisins, ochratoxin A, and aflatoxins in commercial dry dog food.

H

Hazel & Patel, 2004; Karunaratne et al., 1990; Ryu et al., 2002 : 11. II. 3. 2. Structure et propriétés physico-chimiques des *fumonisines*.

K

Kammoun G.L., Gargouri S., Gharbi M.S., et Ltifi.A. 2010. Sensibilité des variétés de bl les plus cultiv es la fusariose de l' pi. *Revue de l'Institut National Agronomique de Tunisie,* 25 : 2.

Koch, H.J. Christodulos, P ., et Marerlaender, B.2006. Evaluation of environmrntal and managment effects on Fusaruim head blight infection and deoxynivalenol concentration in the grain of winter wheat.European Journal of Agronomy 24 : 357-366

Kimura et al

M

Marie Fiers, Georges Lognay, Marie-Laure Fauconnier, M. Haissam Jijakli. Volatile Compound- Mediated Interactions Between Baarley and Pathogénic Fungi in the soil, PloS ONE, June 2013, USA p1.

N

Nasraoui, B., 2008. Maladies des céréales et des légumineuses. Centre des publications universitaires, Tunis, Tunisie.

O

ONAGRI, 2013, La conjoncture agricole du printemps 2013. Bulletin de l'ONAGRI, Avril 2013.

Osborne, L.E., et Stein, J.M. 2007. Epidemiology of Fusarium head blight on small-grain cereals. International Journal of Food Microbioloy 119 : 103-108.

Oswald, I.P., D.E. Marin, S. Bouchet, P. Pinton, I. Taranu, and F. Accensi, Immunotoxicological risk of mycotoxins for domestic animals. Food Additives and Contaminants, 2005. 22(4): p. 354-360.

Ouji, A., Rouaissi, M., et Ben Salem, M., 2010. Comportement variétale de l'orge (*Hordeum vulgare* L.)en double exploitation. Annales de l'INRAT, 2010, 83.

P

Parry, D.W., Pettit, T.R., Jenkinson, P. et Lees, Q.K. 1994. The cereal Fusarium complex. In « Ecology of plant pathogen ». (Eds JP Blakmen,B Williamson) (CAB International : Wallingford, UK) pp.301-320.

Ponts, N., L. Pinson-Gadais, F. Richard-Forget. « Effets de H2O2 sur la production de

trichothécènes B (DON, ADON) par Fusarium graminearum en culture liquide ».
Communication orale. Proceedings of « Les Journées Jean Chevaugeon-Ve
Rencontres de phytopathologie/mycologie ». Aussois, Savoie, France. 18-22 janvier 2004.
pp82

Q

Quarta, A.,Mita, G., haidukowski, M., Santino, A., Mulé, G., et Visconti, A. 2005.
Assessment of trichothecene chemotypes of Fasaruim culmorum occurring in Europe.Food
Additives and contamiants 22: 309-315

R

Raimbault, J.M., Orlando, D., Grosjean, F., et Leuillet, M. 2002. Méthodes
d'échantillonnage et de quantification des mycotoxines – Réussir à trouver des aiguilles dans
une meule de foin. Perspectives Agricoles 278 : 32-35
Rocha,O., Ansari. K., et Doohan, F.M. 2005. Effects of trichothecene mycotoxins on
eukaryotic cells : a review,Food Additives and contaminants 22 : 369-378

S

Shaner, G., et Fanny, RE.1977. The effect of nitrogen fertilization on the expression of
slow-mildewing resistance in knox wheat. Phytopatology 67 :1051-1056.
Soltner, D., 2005. Les grandes productions végétales. Ed. Collection sciences et techniques
agricoles, Paris (20e édition).
Schisler,D.A. Khan, N.I., Boehm, M.J., et Slininger, P.J. 2002.greenhouse and field
evaluation of biological control of Fasaruim head blight on durum wheat. Plant Disease 86 :
1350-1356
Smiley, R.W. 2002.Soilborne crop pathogens under direct seeding : *Fusarium*. Northwest
direct seed conference proceedings. P 70-88

T

Thomas F., 2005. Fusarioses et mycotoxines : L'état des connaissances. Techniques
culturales simplifiées. Numéro 32. Avril /Mai 2005.

W

Wang, Y.Z. 1996. Epidemiology and management of wheat scab in China : In : Fusarium
Head Scab : Global Status and Future Prospects. CIMMYT, El Batan 97-105

Windels CE (2000) Phytopathology 90, 17-21, Martin RA & Johnson HW (1982) Canadian Journal of Plant Pathology 4, 210-216.

Wolf-Hall, C.E.; Hanna, M.A.; Bullerman, L.B. (1999), Stability of deoxinivalenol in heat treated foods. J. Food Protection, 62(8), 962-964.

X

Xu, X.M., Parry, D., Nicholson, P., Simpson, D., Edwards, S., Cooke, B., Doohan, F., Brennan, J., Monaghan, S., Moretti, A., Tocco, G., Mule, G., Hornok, L., Giczey, G., et Tatnell, J. 2005. Prédominance and association of pathogénic species causing Fusarium ear blight in wheat. European Journal of Plant Pathology 112 : 146-154.

www.ingramcontent.com/pod-product-compliance
Lightning Source LLC
Chambersburg PA
CBHW021610210326
41599CB00010B/684